AF388766

DESCRIPTION

D'UN

Microscope Double,

D'UNE

NOUVELLE CONSTRUCTION:

Auquel on a ajouté plusieurs Inventions très utiles ;

Tel qu'on le trouve chez l'INVENTEUR,

JEAN CUFF,

Vis-a-vis la Porte Cochere de *Serjeant's-Inn*, ruë de *Fleet-street*, à LONDRES.

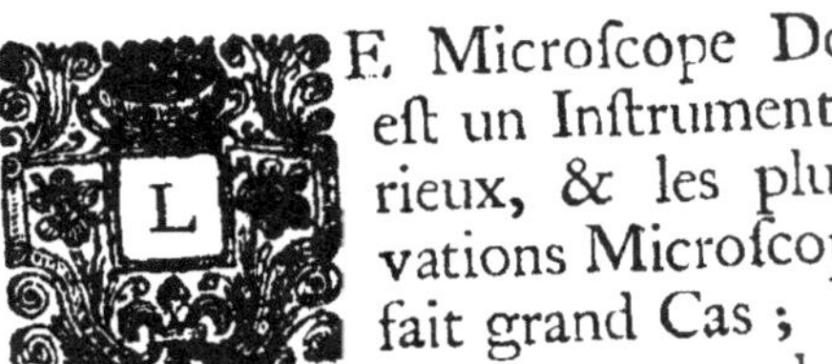

E Microscope Double, reflechissant, est un Instrument, dont les plus curieux, & les plus habiles en Observations Microscopiques, ont toujours fait grand Cas ; pour son Excellence singuliere, à representer une plus grande Portion des Objets, que la Lentille convexe simple, qui grossit

A au

au même point ; pour la Commodité qu'on a de placer l'Objet à une Distance plus agréable à l'Oeil ; comme aussi pour ce qu'il est plus propre, que tout autre Instrument, à examiner toutes sortes d'Objets. Un autre grand Avantage qu'il a, c'est de faire voir avec plus de facilité, que tout autre Microscope, les Objets à ceux qui ne sont point encore accoutumés a faire des Observations Optiques.

Mais cet Instrument, tel qu'on l'a construit jusqu'a present, n'a pas laissé d'avoir ses defauts, quoique la Structure en ait été variée en plusieurs Manieres differentes. Les moyens, dont se sont servis depuis plusieurs Années le Docteur *Hooke*, Monsieur *Marshall*, & d'autres, pour grossir à un plus haut Degré, en ajoutant ensemble deux ou trois Verres differents, se sont trouvés si incommodes & difficiles à pratiquer, que très peu de Personnes ont eu la Patience de s'en servir. C'étoit aussi avec beaucoup d'embarras qu'on donnoit aux Objets une Lumiere suffisante : Dans plusieurs même de ces Instruments, on n'avoit pas d'autre moyen d'y parvenir, que de placer la Bougie au dessous la Table ou on les plaçoit, & qu'il étoit besoin de percer pour cet Effet ; & en d'autres, on se servoit d'une bouteille pleine d'eau, & quelques fois d'une loupe placée a coté, par lesquelles on faisoit passer & recueillir par Refraction la Lumiere du Soleil ou de la Bougie.

Messieurs *Culpepper* & *Scarlet*, connoissant ces Difficultés, trouverent, il y a plusieurs Années, le moyen de donner Lumiere à l'Objet par le moyen d'un Miroir placé au dessous, & qui de cette sorte faisoit reflechir en abondance la Lumiere, soit du Soleil, du Ciel, ou de la Bougie. De cette Façon

ils

ils composerent ce qu'on a depuis appellé le Microscope Double, reflechissant ; Instrument joli par sa Figure ; facile a manier, & qu'on a generalement, & a juste titre être estimé & approuvé. Mais comme la Perfection ne se trouve que par Degrés, cette Structure, quoique infinement mellieure que toutes celles qui l'avoient precedées, est encore sujette à quelques Incommodités, aussi bien qu'a des Defauts, auquels les Personnes les plus connoissantes ont souvent souhaité qu'on trouvât des Remedes.——Premierement, la maniere d'approcher, ou de reculer les Lentilles avec lesquelles on observe, se faisant ordinairement par le moyen d'un Cylindre de Carton qui se glisse dans un autre, donne necessairement à l'Objet des Secousses, si inegales & si incertaines, que quand on se sert des Verres qui grossissent beaucoup, a moins que l'on n'y soit extremement accoutumé, on n'est plus capable de trouver le veritable point de vüe, & de s'y arreter exactement ; & même les plus adroits le font rarement d'une maniere suffisante, sans beaucoup de Temps & de Peine ; outre que les canons, étant faits de Carton ou de Parchemin, sont sujets à s'enfler, & par ce moyen ne glissent plus qu'avec difficulté, lorsqu'il fait humide ; & lorsqu'il fait sec, ils se contractent si fort, que le Mal n'en est encore qu'augmenté. Un autre Defaut c'est, que les Pieces, dont on se sert pour observer les Objets opaques, en y transmettant la Lumiere a travers d'un Verre convexe, placé à Coté, ne repondent pas à ce qu'on pourroit en attendre, à cause de la Difficulté qu'on trouve, en plusieurs rencontres, à faire tomber le Lumiere directement sur l'Objet ; & même quand elle y tombe, n'est ce pas tout a fait comme on le pourroit desirer.

A 2

Enfin,

[4]

Enfin, on se plaint quelque fois, que quoique la
Planchette pour placer les Objets devant l'Instrument, soit en plusieurs occasions très commode, ce-
pendant, pour de certaines Experiences, & des Exa-
mens particuliers, ou les Corps, dont les Parties
doivent être placées sous la Lentille à grossir, sont
grands, & difficiles a menager, les Appuis du Microscope embarrassent, & deviennent très incommodes a l'Observateur.

Comme c'est mon propre Interest, aussi bien que
le But que je me propose, de faire tous mes Efforts
pour perfectionner, autant qu'il m'est possible, tous
les Instruments dont je fais Negoce ; je n'ay pas
cessé de m'appliquer, en toutes occasions, à
remedier à ces Inconvenients, & prevenir les
Secousses, & les Mouvemens inegaux, dont on
a deja parlé. J'ai fait de ces sortes de Microscopes,
dans lesquels, par une Vis au bas du gros Canon, on
pouvoit ajuster le Foyer de la Lentille très facilement : Mais comme il falloit tourner le Corps en-
tier de l'Instrument pour bien ajuster ce Foyer,
il arrivoit souvent, que l'Objet ne se trouvoit
plus exactement dans sa Place, desorte que le Defaut quoique beaucoup diminué par ce moyen,
n'étoit pourtant pas entierement corrigé.

J'y ajoutai pareillement un Miroir concave
d'Argent, pour être appliqué à chaque Lentille
ou Verre à grossir, ce qui repondoit fort bien ;
mais il ne m'etoit pas encore possible d'ôter les
Appuis, ni même sous cette forme de faire repon-
dre le tout a l'Attente des Curieux.

Afin donc d'ôter entierement tout sujet de
Plainte, ce Microscope est construit d'une nou-
velle Façon : Le Mouvement en est aisé, regulier, & ferme. On trouvera la maniere de l'ajuster

très

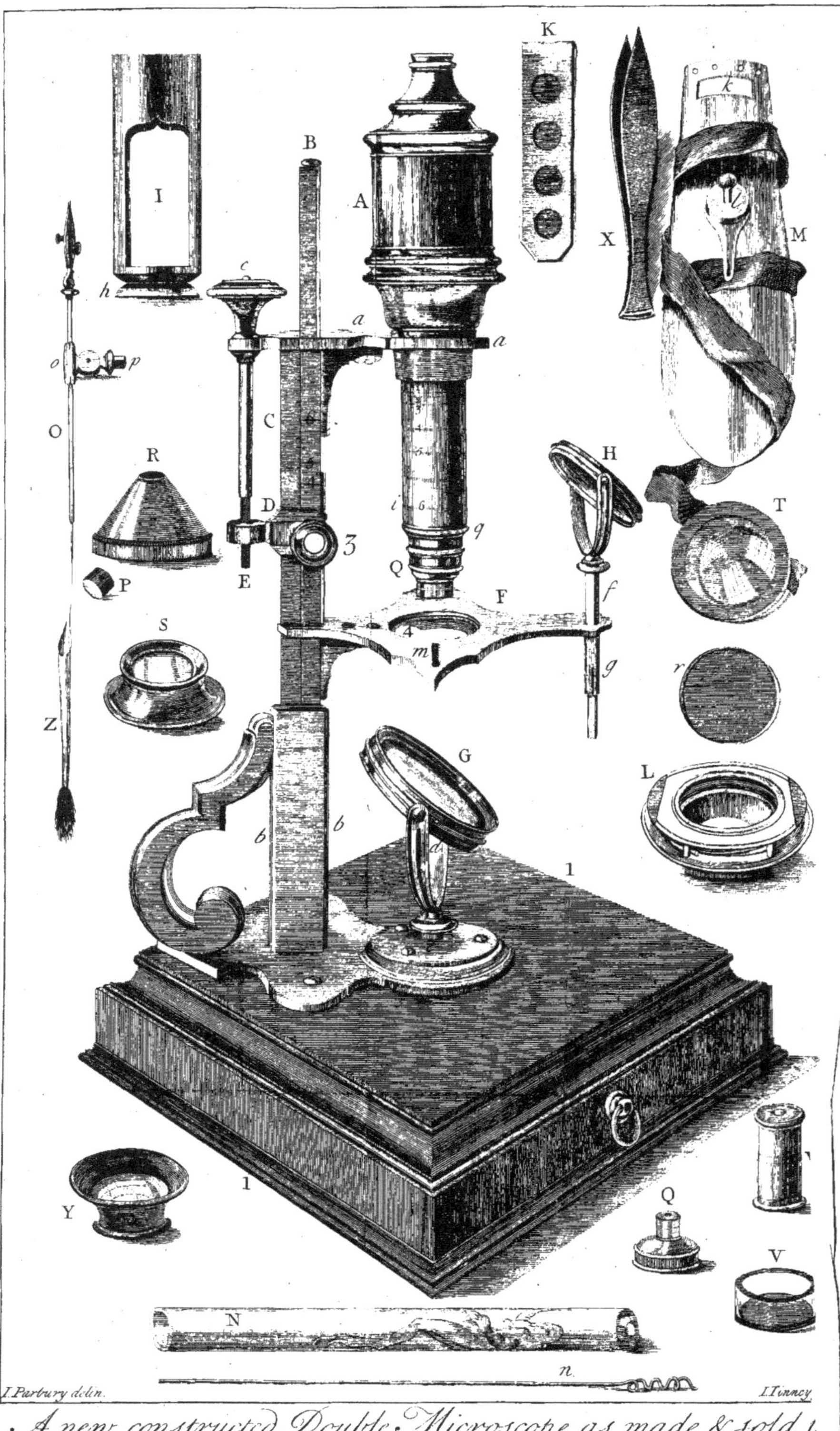

A new constructed Double Microscope, as made & sold by the Inventor JOHN CUFF in Fleet ftreet London.
Published according to Act of Parliament September 20th 1744.

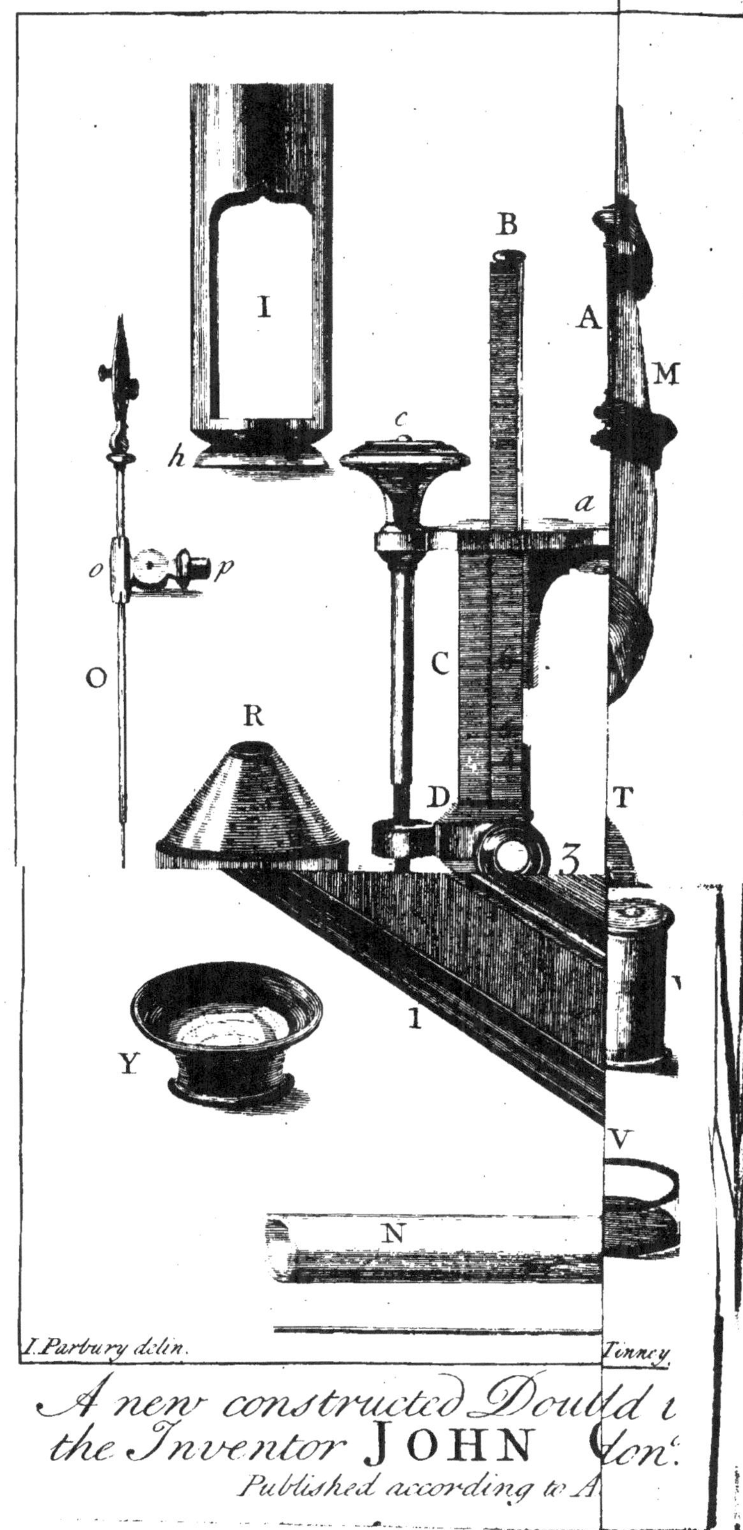

A new constructed Double t
the Inventor JOHN &c.
Published according to A

[5]

très commode, soit pour les Objets opaques, ou
autres, la Planchette étant débarassée, & propre à
recevoir toutes sortes d'Objets; & à l'égard de
sa Figure en général, on se flatte qu'elle ne pa-
roîtra pas désagréable. Je soumets le tout très hum-
blement au Jugement des Connoisseurs, dont je
me promets la Bonté, & dont je suis, avec un Dé-
vouement parfait,

Le très humble,

& très obéissant Serviteur,

JEAN CUFF.

Fleet street, le 20me
de Septembre, 1744.

A. Repre-

A. Reprefente le Corps du Microfcope, fait de Cuivre, ainfi que font prefques toutes fes parties, et foutenu par un Bras *aa*, ayant au bout un grand Collier circulaire, ou ce Corps eft fixé, & d'ou l'on peut le retirer fans Difficulté.

Ce Bras eft attaché au Pilier mobile C, & vient de fa partie fuperieure.

B. Pilier long & droit, applati & quarré, fortement attaché par des Vis au Piedeftal de bois I I, d'une Boëte oblongue *bb*, qui foutient toute la Machine.

Tiroir 2, dans le Piedeftal, qui contient toutes les pieces detachées pour ajufter l'Inftrument.

C. Autre Pilier de la même forme & Groffeur que le Pilier B, mais plus court. Celui ci fe leve & fe baiffe avec le Corps du Microfcope, felon que l'Occafion le demande ; fon bout entrant dans la Boëte *bb*, pendant qu'un de ces cotés fe gliffe toujours appliqué parallelement au même coté du pilier B.

Ces deux Piliers forment enfemble un Quarré long & prefque regulier, quand ils font placés dans la Boëte *bb*, qui eft faite exprés pour les recevoir.

Le Pilier mobile C, fe peut lever jufques au haut du Pilier fixe B, & s'arrete la, comme il feroit inutile de les feparer.

D. Collier quarré qui entoure les deux Piliers B et C ; & fe gliffe deffus de haut en bas, d'un coté il y a un Boûton à-vis 3, pour le fixer au Pilier B, & empecher que le Pilier C ne gliffe, quand le Microfcope eft placé à une diftance à peu pres exacte, par le moyen des fix Chiffres fur le Pilier B, qui repondent aux mêmes Chif-fres, fur les fix Lentilles a groffir.

E. Vis fine, pour ajufter le Microfcope après que le Collier D eft arrêté, qui en tournant le Boûton *c*, à droit ou à gauche, approche, ou recule la Machine de l'Objet, par un Mouvement aifé, ferme, & prefque infenfible ; de façon que le veritable Foyer fe trouve facilement, & que l'Inftrument fe fixe fans Secouffes, & avec la plus grande Jufteffe.

F. Lame plate & horizontale, attachée au Pilier B, ayant au milieu un trou circulaire +, au deffus duquel le Corps du Microfcope eft fufpendu perpendiculairement.

C'eft ici l'endroit ou toutes fortes d'Objets doivent être placées pour être examinées. On trouvera cette piece beaucoup plus commode que celle du Microfcope double ordinaire, ou les Appuis embaraffent fort fouvent.

G. Miroir concave, enchaffé dans une Boëte de Cuivre, qui fe tourne dans un Demi-cercle *d*, fur deux petites Vis. Au bas du Demi-cercle, il y a une petite Cheville, qui entre dans un Trou *e*, au Centre du Piedeftal, et qui lui permet un Mouvement vertical & horizontal, a l'aide defquels on peut faire reflechir la Lumiere du Ciel, ou d'une Bougie, directement fur l'Objet qu'on veut examiner.

H. Loupe double convexe, qui, en tournant fur deux Vis, tranfmet la Lumiere pour aider a eclaircir les Objets opaques, quand la Piece longue & cylindrique *f*, eft placée dans le Canon à Reffort qui eft attaché au Coin de la Piece F.

I. Cylindre

I. Cylindre creux, & ouvert de chaque Coté, au bout duquel est attaché a-vis un Miroir concave d'Argent *b*, percé au milieu. Ce Cylindre étant glissé sur la Trompe du Microscope *i*, est ajusté à la Lentille à grossir, dont on se sert, selon les Chiffres marqués sur la Trompe, & qui servent a conduire, comme on l'enseignera dans la suite, la Lumiere reflechie du Miroir d'Argent directement sur les Objects opaques qu'on examine.

K. Petite Lame d'Ivoire, percée de quatre Trous ronds. Ce Microscope a huit de ces Lames, six desquelles sont garnies d'Objets entre deux Talcs transparents. Mais les Curieux en peuvent avoir autant qu'il leur plaira, pour y placer eux mêmes des Objets nouveaux.

L.. Machine inventée pour soutenir ces Lames d'Ivoire. Elle consiste d'un Fil d'acier spiral, arreté entre trois petites Planchettes de Cuivre, l'une desquelles est mobile, pour recevoir les Lames: la Tige, ou Piece ronde au dessous, s'accommode exactement au Trou rond 4, dans la Planchette F, & doit y être posée quand on s'en sert.

M. Petite Poële de Cuivre, pour attacher un Eperlan, Goujon, ou autre petit Poisson, quand on veut observer la Circulation du Sang dans la Nageoire de sa Queüe. Pour cet Effet, cette Nageoire doit être étendue dessus l'Ouverture *k*, qui est à sa plus petite extremité. Ayant ensuite passé le petit Bouton *l*, par la Fente *m*, à travers d'un Coin de la Palette F ; le Ressort, qui est au fond de cette Piece, l'arreste, & le presente commodement a la veüe. Si le Poisson

s'agite

s'agite trop, les quatres petits Trous au bout de la Poëlle servent a passer des Fils, ou des petites Chevilles de Bois, pour aider à serrer plus fort le Poisson avec le Ruban, & l'empecher de se debattre.

N. Tuyau de Verre, plus commode que la Poëlle, pour observer la Circulation du Sang dans la Queüe d'un Lezard, ou d'une Anguille, ou dans la Membrane qui joint les Doigts de la Patte de derriere d'une Grenouille. L'Animal etant bien étendu au dedans du Tuyau, on glisse ce Tuyau par dessous le Trou 4, qui est au milieu de la Planchette F, ou il y a deux Ressorts, & un Creux pour le soutenir ; & on place de cette façon l'Objet directement sous la Lentille. On voit une Grenouille representée dans le Tuyau de Verre, pour faire voir dans quelle Attitude elle doit être placée.

Il y a quatre ou cinq de ces Tuyaux de differentes grosseurs, & la grosseur de l'Objet determine celui dont on se doit servir. Mais en general, moins l'Animal aura d'espace pour se remuer, il sera plus facile de le menager, & il en restera plus tranquille pour se laisser examiner.

n. Longue Piece de Fil d'Archal, ayant un Ecrou pour tirer le Coton que l'on met dans les Tuyaux, pour les empecher de se casser : Et aussi pour les nettoier lors qu'ils sont sales, en les frottant en dedans avec un peu de Coton envelopé autour de l'Ecrou.

<table><tr><td>B</td><td>O. Verge</td></tr></table>

O. Verge d'Acier pointue à un bout, & terminée à l'autre par une Pincette à reſſort : Cet Inſtrument ſert à tenir, ou à fixer les Objets ; la Verge monte & deſcend dans un Creux à reſſort *o*, attaché à un charniere avec un bout court & rond qui s'accommode à un Trou dans la Fente *m*, ſur la Planchette F.

P. Petit Bloc d'Ivoire, blanc d'un Coté & noir de l'autre, pour y placer les Objets ſelon leur Couleur, avec un Trou, pour y fixer la pointe de la Verge O : Le Sable, les Sels, & autres petits Corps ſemblables, ſe placent ſur ce Bloc pour les obſerver à la Lumiere reflechie du Miroir d'Argent *b*. Il eſt petit, afin d'intercepter le moins qu'il eſt poſſible des Rayons reflechis par le Miroir G. Par cette Invention on voit les Objets opaques très facilement.

Q & Q. Deux petites Cellules dans leſquelles ſont fixéz les Verres, ou Lentilles qui ſervent à groſſir les Objets. Ce Microſcope en a ſix qui groſſiſſent aux degrés differents, qui peuvent convenir aux Objets qu'on veut obſerver ; on les fixe par un Vis au bas de la Trompe *q*, comme on voit dans la Figure.

R. Cone de Cuivre, qu'on fixe au deſſous du Millieu de la Planchette F : On s'en ſert principalement avec le premier, le ſecond, ou le troiſieme Verre, & pour regarder les Objets les plus tranſparents : L'Experience nous faiſant voir que ces ſortes d'Objets ſe voyent plus diſtinctement, en arrêtant une partie des

Rayons

Rayons obliques, reflechis par le Miroir concave. Cette même maniere d'arrêter les
Rayons eſt auſſi d'uſage pour mieux obſerver la Circulation du Sang; mais on ne peut
pas ſe ſervir du Cone & des Tuyaux de Verre
au même Tems; & il y a alors pour cela,
deux ou trois Pieces de Carton mince, à differentes Ouvertures, pour couvrir le Miroir,
& arrêter de cette façon les Rayons qui vien-
droient de ſes Extremitez.

L'Experience fera bientôt voir la neceſſité
d'accommoder la Lumiere & le Verre a
l'Objet: En certains Cas, l'on ne peut avoir
trop de Lumiere, & en d'autres, lors que
l'Objet n'a que peu, ou point de Couleur,
très peu de Rayons ſuffiſent, & l'on n'en
peut preſque pas voir le Contour, a moins
que la Lumiere ne vienne que d'un point
ſeulement.

En obſervant ces Regles on ne manquera
pas de voir les Objets avec beaucoup d'Agree-
ment; ſans quoy les Meilleurs Verres du Monde
ne paroîtroient que très mediocres.

S. Cellule, ou Boëte ronde, pour enfermer des
Puces, Vers, Poux, ou autre Objets vivants
entre deux Verres, dont l'un eſt concave &
l'autre plat.

Lorſqu'on veut examiner un tel Objet,
cette Boëte ſe place au deſſus de Trou 4, au
millieu de la Planchette F, apres avoir cou-
vert ce Trou avec le Verre rond & plat r, &
alors avec un peu de Mouvement on trouve
facilement l'Objet.

T. Verre

T. Verre Concave, propre a recevoir une pé-
tite Goute de quelque Liqueur, ou autre
Objet, pour obſerver ſelon l'Occaſion.

V. Vaiſſeau de Verre cylindrique, pour obſerver dans une petite Cuillierée d'Eau, les
Animalcules les plus groſſiers que s'y trou-
vent.

W. Boëte d'Ivoire, double, avec deux Cou-
vercles, qui ferment-a-vis, un à chaque Bout;
cette Boëte ſert à mettre pluſieurs Feuilles
tranſparantes, & auſſi des Cercles de Cuivre,
pour les fixer dans les Lames d'Ivoire.

X. Pincette pour prendre, & ajuſter l'Objet
qu'on veut examiner.

V. Loupe à groſſir qu'on tient de la Main;
très utile pour preparer les Objets, pour les
ajuſter au Microſcope; & en pluſieurs autres
Occaſions.

Z. Pinceau, qui ſert à nettoier les Verres, ou
à prendre une Goute de Liqueur pour examiner; l'autre Bout, qui eſt de Plume, ſert
à ôter la Craſſe ſeche, qui pourroit s'y attacher.

Ayant donné la Deſcription de toutes les
Parties de ce Microſcope, & enſeigné ſi ample-
ment la maniere de l'ajuſter; les Inſtructions
pour obſerver les Objets ſeront très courtes &
faciles.

Si

Si vous vouléz examiner quelque chofe dans une des Lames d'Ivoire, mettéz votre Lame entre les plaques de Cuivre dans la Machine L, et placéz la dans le Trou rond 4, au millieu de la Planchette F; enfuite fixéz la Lentille, ou le Verre à groffir, dont vous vouléz vous fervir, au Bout de la Trompe, & placéz le deffus du Collier quarré D, au Chiffre du Pilier B, qui repond a celui qui eft fur le Verre à groffir. ———Suppofez, par Example, qui vôtre Verre porte N° 5, alors il faut faire gliffer le deffus du Collier D, jufqu'à ce qu'il reponde exactement au Chiffre 5, fur le Pilier B; arrêtez le la, en tournant la Tête de la Vis 3, & après avoir bien donné la Lumiere a l'Objet, par le moyen du Miroir au deffous, fi il ne fe voit pas affez nettement, tournéz encore la Vis E, qui fert à ajufter, d'un Sens ou de l'autre, jufqu'à ce que vous voiez votre Objet, parfaitement diftinct; & ceci fe fera facilement fans Secouffes, ou Danger de deranger l'Objet.

Mais fi l'Objet, que vous examinéz, eft fixé a la point de la Verge d'Acier O, ou dans le Tuyau de Verre N, comme le Tuyau fe met au deffous de la Planchette, & que la petite Verge ne fe tient pas au même Endroit ou l'on place les Lames d'Ivoire, il ne faut plus avoir égard au Chiffres du Pilier B, mais il faut monter ou defcendre le Corps du Microfcope, jufqu'à ce que vous approchéz de fon Foyer; & alors il fera bien facile de l'y mettre exactement, par le moyen de la Vis à ajufter.

Si vous vouléz obferver un Objet opaque, fixéz le petit Bloc d'Ivoire P, fur la pointe de la
Verge

Verge O, & fi l'Objet approche du blanc,
mettéz le fur le Coté noir, & s'il eft noir, fur
le Coté blanc ; attachéz enfuite le Cylindre
creux I, avec le Miroir d'Argent *b*, fur la
Trompe du Microfcope ; faitez toucher le haut
du Cylindre creux, au chiffre marqué fur la
Trompe, qui repond a celui du Verre
dont vous vous servéz, faifant monter ou defcendre le Microfcope, jufqu'à ce que vous
voiez l'Objet a peu pres diftinct ; & l'ayant arreté, en tournant la Tête de la Vis 3, comme
on l'a deja enfeigné, vous trouverez le Foyer
exactement, par la Vis à ajufter. Par ce moyen,
l'Objet fe prefente d'une maniere très agréable ;
car les Rayons reflechis du grand Miroir, qui
paffent à l'entour de l'Objet, font reflechis, une
feconde fois, par le petit Miroir d'Argent, &
l'Objet en eft tellement eclairci, qu'il paroit &
en Couleur & en Forme d'une Beauté parfaite :
Quand l'Objet eft trop grand pour ce Miroir, on fe
fervira du Verre Convexe H, pour y faire paffer
la Lumiere de la Bougie ou celle du Soleil.

Il eft bon, de tenir la Vis à ajufter, paffée
comme a moitié par le trou du Collier quarré
D, afin d'avoir toujours affez de Place pour la
tourner, d'un fens, ou de l'autre, felon l'Occafion.

Les deux Verres dans le Corps du Microfcope
doivent en être retirés, de tems en tems, &
être foigneufement nettoyés, en les effuyant
avec une Piece de Cuir mou, ou un Morceau de
Linge ; après avoir fouflé deffus, fechéz les
bien, avant de les replacer, & ayéz grand Soin
de

de ne les pas ſalir avec les Doigts. S'il s'y attache de la Craſſe ſeche, lavez les avec de l'Eſ-
prit de Vin.

Les Verres à groſſir dans les petits Cellules,
doivent auſſi être ſouvent nettoyés avec le
Pinceau, & ſi cela ne ſuffit pas, otéz les pour les
eſſuier, après avoir auſſi ſouflé deſſus; car ſi il
s'y attache de la Poudre, de la Pouſſiere, ou de
la Craſſe, on ne poura plus voir les Objets diſtinctement.